晨讀10分鐘

［小學生・低年級］

原來如此！

科學故事集 1

監修——大山光晴

作者——COSMOPIA
渡邊利江
入澤宣幸
甲斐望

譯者——詹慕如

目次

身體的故事

動物的故事

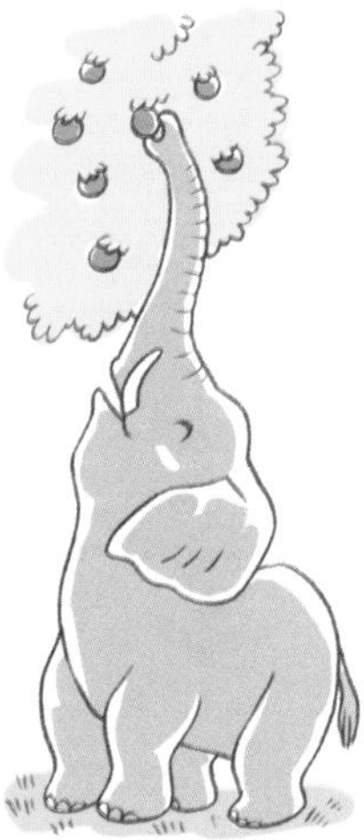

生物的故事

生活中的故事

地球和宇宙的故事

身體的故事

人為什麼會打呵欠？

我們經常不知不覺中「呵」的打個大呵欠。

疲倦的時候，或者晚上想睡覺的時候，常常都會

打呵欠。還有發呆的時候，也會打呵欠對不對？

我們的頭裡面有「腦」。想事情、命令身體做動作，都是腦的工作。

想睡覺的時候，或者發呆的時候，腦都在停工。這時候，腦就會想要恢復到原來的工作狀態。

腦要全力工作，需要許多空氣中的「氧氣」。所以腦就會命令身體：「再多給我一點氧氣吧！」

然後我們就會張大了嘴巴，吸進很多的氧氣。

這就是打呵欠。

受傷為什麼會流血？

跌倒擦傷，或者割破手指頭時，都會流血。

為什麼受傷的時候，血液馬上就會流出來呢？

血液在稱為「血管」的細細管子裡流動，負責搬運養分和氧氣。

皮膚下面有許多這種血管，所以只要一受傷，弄破血管，血就會流出來。不過，血液一旦跑到血管外面，很快就會凝固。

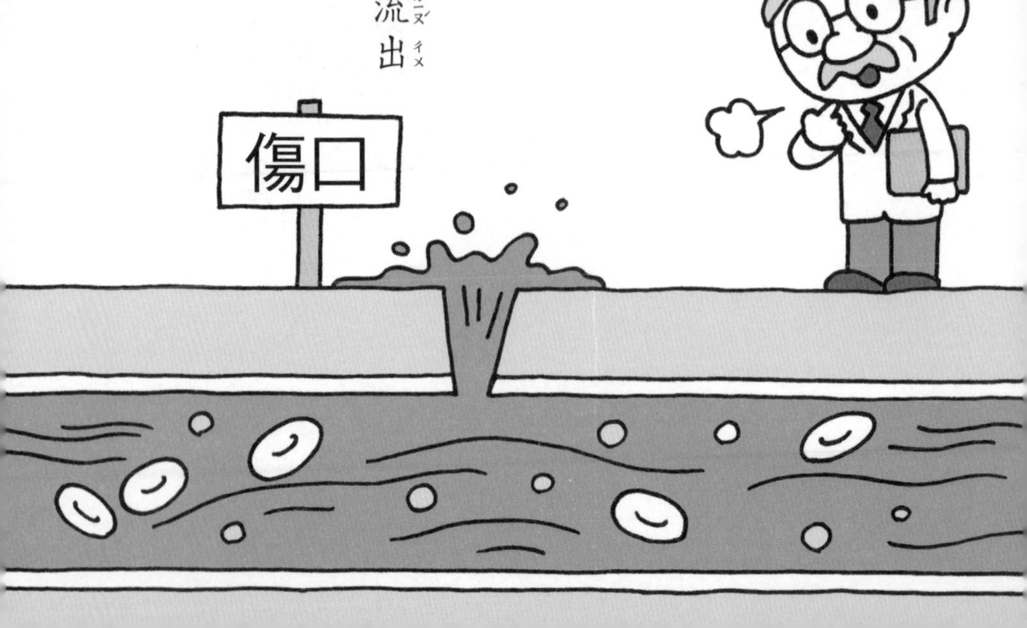

如果沒有凝固會怎麼樣呢？

身體裡的血就會不斷的往外流，對吧？

身上有了小的擦傷或者割傷時，血液就會凝固，結成黑色的「痂」。

我們的身體就在這痂的下面治療傷口，讓受傷的地方恢復原狀。

所以傷口結痂的時候，盡量不要去剝它，最好等它自然的掉落。這樣傷口也會好得比較快。

吃冰的東西為什麼會頭痛？

吃冰淇淋或刨冰等冰涼的東西時，是不是會覺得頭很痛呢？

把冰的東西放進嘴巴後，這種「好冰啊」的刺激，就會強烈的傳達到頭部的「腦」。

但是如果突然傳來太強烈的刺激，腦就會搞錯，以為是「好痛啊」。

另外，吃冰的東西，會讓頭部的血管突然擴張，血液會一口氣流進頭部。

有人說，這就是頭痛的來源。

但是現在還不知道確切的原因。

不過，有些醫生也把這種頭痛稱為「冰淇淋頭痛」呢。

為什麼撞到頭後會長個包？

頭碰撞到堅硬的東西時，被撞到的地方會腫起來變成一個包。

為什麼會長出這種包呢？

撞到頭之後，皮膚下面的「血管」就會破掉。

然後在血管裡流動的血就會流出來。

這些流出來的血會堆積在破裂的血管附近。

血愈堆愈高，就形成了腫包。

但同樣是撞到手或者肚子，就不會形成腫包。

為什麼只有頭會腫起一個包呢？

我們摸摸自己的頭，會發現這裡跟手或者肚子不同，摸起來比較硬。

這是因為頭部皮膚下方，直接覆蓋著堅硬的骨頭（頭蓋骨）。

頭部皮膚緊緊的貼在骨頭上。

所以堆積的血才會把皮膚向外撐出去。

如果撞到的是手或肚子等身體比較柔軟的地方，血液就會在皮膚下方往四方擴散，變成瘀血。

腫包和瘀血裡面的血，在皮膚裡會自然被吸收，漸漸恢復原狀。

肚子餓了為什麼會咕嚕咕嚕叫？

吃完早餐過了四個小時左右，差不多快到吃午餐的時間，就會覺得肚子好餓。

這時候會發出「咕嚕～」聲音的，是身體裡的「胃」和「腸」。

「胃」和「腸」是我們吃下東西後，這些食物會經過的地方。

咬完食物吞下去之後，食物就會堆積在肚子裡的「胃」這個袋子中。

「胃」周圍的牆壁會動來動去的，讓食物變得更細。

過了三、四個小時左右，食物就會變成黏黏的狀態，被送進「腸」裡。

「胃」裡面如果變空，我們就會覺得

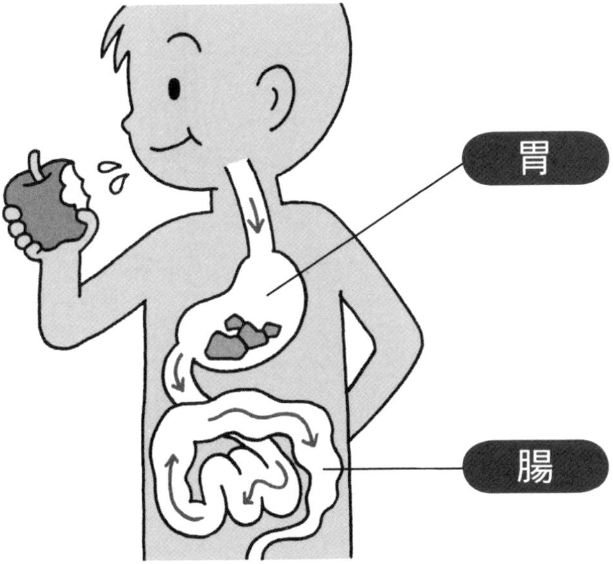

「肚子好餓喔」。

於是「胃」的牆壁就會開始活動，希望在食物進來之前，先做好準備。

這時候胃壁就會攪動「胃」裡面的空

氣，發出聲音。

有時候「腸」也會發出聲音。

「腸」要從食物身上吸收營養的時候，會製造出氣體。

「腸」裡的牆壁開始活動的時候，裡面的氣體也會被攪動，發出聲音。

屁為什麼會臭？

屁的來源有兩種。

第一種是我們吃東西的時候，一起吞進肚子裡的

空氣。

另一種是吃進去的東西從嘴巴被運到「腸」的時候，在腸裡製造出的氣體。

我們吃下去的東西會在腸這裡留下身體需要的營養。

營養被吸收後的殘渣，最

後就會形成糞便。

腸裡面住著很多「細菌」，它們是小到眼睛看不見的生物。

細菌會把送到腸子裡的食物變細，這樣一來，我們就比較容易把營養吸收到身體裡面。

細菌發揮功能的時候，會製造發出臭味的氣體。

這些氣體跟我們吞進肚子裡的空氣混在一起，往腸裡面很深很深的地方前進，最後會從屁股排到身體外面，「噗」的放出屁來。

在正常的狀況下，人一天之中大概會放五次左右的屁。

人為什麼會換牙？

我們從出生六個月後，一直到三歲左右會長出「乳牙」，這是小朋友專用的牙齒。

乳牙總共有二十顆。

到了五、六歲左右，身體愈來愈大，下巴也愈來愈大。

但是每一顆牙齒並不會變大。乳牙還是一樣小、一樣脆弱。

小的牙齒當然不適合這個長大的身體嘍。所以，我們的身體就需要適合下巴大小，既強壯又大的牙齒。

於是，我們就會開始換牙。

從五、六歲開始到十二歲左右，大人用的牙齒會漸漸長出來，乳牙則會掉落。

而且在原本乳牙位置的後面，還會長出很大、很堅固的新臼齒。

臼齒分成在六歲左右長出來的「六歲臼齒」，和在十二歲左右長出來的「十二歲臼齒」。

除此之外，還可能會長出四顆「智齒」。有些人會長智齒，也有些人不會長智齒。

這些大人的牙齒就稱為「恆牙」，加起來總共有三十二顆。

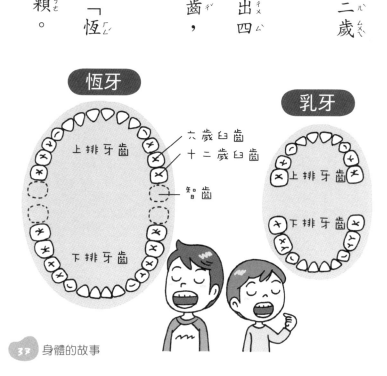

為什麼會感冒？

感冒的時候會打噴嚏、流鼻水、發燒，全身都很疲倦。

那麼人為什麼會感冒呢？

感冒就表示身體裡多了許多讓人生病的原因。

讓人生病的原因就是「病毒」或「細菌」。

它們就存在於空氣裡，小到連眼睛都看不見。

所以，當我們呼吸、吃東西的時候，它們會從鼻子或喉嚨等地方，跑進我們身體裡面。

我們的身體通常是可以打敗病毒或細菌。

但是如果一次來了很多病毒或細菌，或者遇到身體很疲倦、很虛弱的時候，就沒辦法打贏了。

這時候病毒和細菌就會在身體裡大量增加，使人生病。

感冒的時候會發燒、流鼻水，就是身體正在跟病毒它們對抗的證據。

把它趕
出去！
打敗它們！

血液裡的「白血球」在跟病毒作戰的時候，人就會發燒。

咳嗽和鼻水的功用，都是為了把病毒的屍體排放到身體外面。

科學小傳記

野口英世

拯救病人的醫生

（一八七六年～一九二八年）

「真不想上學啊……」

一年級的日本男孩清作經常抬頭望著天空，像這樣喃喃自語。

清作是野口英世小時候的名

字。

小學的時候，清作總是被欺負。

「唉喲！你的手好奇怪喔！」

清作的左手上看不到手指。

因為當他還是小嬰兒的時候，曾經掉到火裡，燒傷得很嚴重，左手的五隻手指全都黏在一起了。

「對不起啊，清作。都是媽媽一時沒注意……原諒我啊。」

媽媽哭得很傷心，不分白天或晚上，拚命的努力工作。清作的家很貧窮，但是還是希望能想辦法讓可憐的清作可以上學。

「清作，你千萬不要放棄。不管你的身體怎麼樣，只要努力，一定可以成為了不起的人。」

「媽媽……」

自從聽到媽媽這麼說，清作每天都很努力用功。

他的成績愈來愈好，到了六年級時，他已經成為成績最好的學生了。

「那個人真厲害……」

這時候已經沒有人欺負清作了。清作的努力，受到高等小學老師的注意。

「你要不要到我們學校來念書？」

在當時，只有有錢人家的孩子才能念高等小學。

但是老師被清作的努力所感動，願意自己

出錢讓清作來上學。

清作在新的學校並沒有把自己的手藏起來，他大大方方的寫了一篇作文，把自己的心情告訴朋友們。

大家聽了之後紛紛這麼說：

「我們一起出錢，幫清作治療他的手吧！」

於是清作終於能夠動手術。他忍著痛，經過

了一個小時。

這場手術非常成功。

「我的手指！我的左手有手指了！」

清作這樣大叫著。

「我以後也要當醫生救人！」

清作從學校畢業之後，就到替他動手術的醫生身邊去工作。

白天幫忙打掃廁所，做些雜事，晚上一直念書到很晚。他學會了英文、法文，也能讀許多難懂的書。

「我想要到世界上許多不同國家，幫助生病的人！」

他好不容易通過醫生的考試，以為終於可以到外國去了，但是……

「哎呀，我沒有錢呢。」

清作有個壞習慣。工作賺來的錢，馬上就會全部花光光。

「拜託你，借錢給我吧！」

「真拿你沒辦法，只借你一點點喔。」

身邊的人們雖然受不了他的壞習慣，但總是伸出手來幫忙清作。

這都是因為清作不管任何時候都非常努力用功的關係。

清作把名字改為「英世」，往世界出發。

在美國的時候，不管吃飯時間或是三更半夜，他的眼睛都盯著顯微鏡不放。哪怕失敗了幾百次、幾千次，他都不放棄！

最後，他終於發現了某種嚴重疾病的真面目。

因為英世的研究發現，製造出許多種藥物。

接下來，他到有許多人發燒的國家，幫生病的人打針。

他救活了很多人的生命。

「直到世界上不再有人生病為止，我都不會放棄！」

在世界上來回奔波的英世，過了十五年之後才回到日本。

隔了這麼多年，終於見到自己最愛的媽媽，然後，英世再次踏上通往世界的旅程。

動物的故事

貓舌頭為什麼粗糙不平？

手被貓舔到時，會覺得有一點痛。這是因為貓的舌頭很粗糙的關係，大家知道嗎？

貓的舌頭表面有很多小小的凸起物。就像是磨蘿蔔時用的鉋刀一樣，摸起來一顆一顆刺刺的。這粗糙的舌頭對貓的日常生活來說，有非常重要的功用。

野貓吃東西的時候，舌頭上粗糙的顆粒可以幫助牠們，輕易的把肉從骨頭上刮下來。

家貓吃東西的時候，舌頭也幫了很大的忙。

舔著水和牛奶喝下去的時候，跟平滑的表面比起來，粗糙的表面容易吸住更多的液體，喝起來比較方便。

另外，貓也很常用舌頭來清理身體。就像人類用梳子整理頭髮

一樣，貓是用自己的舌頭來整理身體。

舌頭可以清除掉附著在毛上的髒東西或是灰塵，

把自己整理得很乾淨。

貓非常愛乾淨。

小狗散步的時候為什麼到處撒尿？

大家有沒有看過狗在牆壁或在電線桿旁邊尿尿？

其實狗這時候不只是在撒尿，還有其他更重要的

意義。

每一隻狗的尿都有自己特別的味道。所以狗會在牠經過的每個地方留下自己尿液的味道，就好像在說：「我到這個地方來嘍！」藉此告訴其他狗自己來過了。

狗撒尿的地方，就像是個「公布欄」一樣，通知其他狗自己到過這個地方。

但是，公狗長大之後，撒尿的時候會將一隻後腳高高的舉起。

聽說，這是為了讓尿的味道能夠擴散開來，所以盡

量從高的位置撒尿，來通知其他狗自己到過這裡。

尿的味道過三、四天後就會消失不見。

所以狗為了留下味道，每天都會想出去散步。

兔子的耳朵為什麼這麼長？

兔子的耳朵長，第一個原因是為了要聽清楚很小的聲音。

既大又長的耳朵，就像天線一樣，可以蒐集到很多聲音，所以當敵人從遠方接近時，也可以靠聲音得知。

然後就可以馬上逃跑。

另外，這長長的耳朵還有一個重要的功用。

那就是幫助身體散熱。

動物的身體要是太燙，就會死掉。

如果是人類的話，在跑步之後身體變得很熱，就會流汗，這就是在替身體散熱。

但是兔子幾乎不會流汗。

所以兔子就需要利用耳朵來把熱排出去。

兔子被敵人追趕的時候，會以時速五十公里左右（跟汽車的速度差不多）的速度奔跑。

這時候牠們會一邊跑一邊豎起耳朵，所以涼爽的風就會跑進耳朵裡。

兔子的耳朵上分布著很多血管，許多血液會流過這裡。

奔跑時變得更熱的血液，經過涼風一吹，就可以慢慢的降溫。

所以，對兔子來說，耳朵是非常重要的器官。

大家跟兔子一起玩的時候，請不要拉扯或者抓傷牠們的耳朵喔。

大象的鼻子為什麼這麼長？

大象的身體既大又重。如果沒有那條長長的鼻子，會變得怎麼樣呢？

牠們必須像狗一樣，以嘴巴接近地面來吃東西，這時候可能因為身體太重，害牠們跌倒。

但是如果有了長長的鼻子，只要站著就可以完成很多事。

大象的鼻子裡沒有骨頭，只有肌肉。

可以自由自在的做出伸長、彎曲等動作。

大象用牠的長鼻子，可以靈巧的吃到長在地面上的草，或者是長在高處的樹葉。牠可以直接將這些東西送進嘴巴裡。

喝水的時候，牠先將水吸進鼻子，然後再送到嘴巴裡。

另外，牠也可以把水存在鼻子裡，再像淋浴一樣替自己沖水。

一頭長大的非洲象一次能存在鼻子裡的水量，大約是十公升。竟然可以放進十盒一公升裝的牛奶盒呢！

大象用牠的鼻子，一天喝

一百公升左右的水。真是驚人！

還有，大象鼻子前面稍微有一點點突出。

這個突出的部分跟人的手指頭一樣，可以抓住花生等比較小的東西。

除此之外，也可以捲起來，拿住豆腐這種比較柔軟的東西，或者剝開橘子的皮。

大象的鼻子，真是太能幹了。

豆腐

倉鼠為什麼把食物塞在臉頰裡？

倉鼠用前腳拿著食物，鼓著大大的臉頰吃東西的樣子，真是非常可愛。

倉鼠的臉頰內側，有著像口袋一樣的袋子。這稱為「頰囊」的袋子非常柔軟，就像橡膠氣球一樣可以撐得很大，能在嘴巴裡塞進很多很多的食物。

倉鼠這種生物原本生活在有很多石頭，幾乎沒有草生長的地方。

有時候很可能會找不到草或果實等食物。

於是，野生的倉鼠一找到食物，就會把食物放進頰囊，希望能多帶一些食物回到自己的巢穴裡。

萬一沒有食物，這些東西就可以派上用場。

擁有能夠搬運許多食物的頰囊，實在很方便。

科學大驚奇

世界三大奇獸

接下來，我們要來說說稀有動物的故事。有三種稀有動物在自然世界裡很不容易見到。那就是「大貓熊」、「霍加狓」、「侏儒河馬」，我們把牠們稱之為「世界三大奇獸」。（霍加狓另一個名字叫作「非洲鹿」）

大貓熊身上黑白相間的圖案，還有可愛的動作讓牠們非常受歡迎。大家應該都很熟悉吧。

牠們生活在中國的深山裡。在大約一百年前，很多人為了想要牠們的毛皮而殺了許多大

貓熊，所以現在數目變得相當少。霍加狓是一種住在非洲叢林裡，長得有點像長頸鹿的動物。這種動物很怕生，很少出現在人的面前。現在叢林被人類破壞，因此大家

都擔心霍加狓可能因為這樣大量減少。

侏儒河馬生長在非洲叢林的水邊，是一種體型很小的河馬。

因為居住的地方被破壞，而且又有很多侏儒河馬被人拿槍射殺，有人說，再過不久，世界上就完全找不到野生的侏儒河馬了。

這些動物原本的數量就不多，現在數量又更少，讓牠們變成「稀有動物」的，其實是人類啊。現在動物園很小心努力的飼養這些奇獸，希望牠們多生些小寶寶。

但願有一天，這些稀有動物可以不再稀有。

生物的故事

小鳥有沒有耳朵？

我們人類或者狗、貓，身上都有耳朵，而且一眼就可以發現。

但是小鳥的頭上看不到類似耳朵的東西。難道小鳥並沒有聽聲音用的耳朵嗎？

不，其實小鳥身上也有耳朵的。

在牠們的眼睛後面，有一個小洞。

小鳥的耳朵不像人類或者貓、狗，沒有往外突出的部分，所以很難看得出來。

因為沒有突出的部分，所以在天空中飛的時候，也不會被耳朵影響。

通常小鳥的耳朵這個洞，會被羽毛遮住，所以並不容易發現。

但是鴕鳥的頭部並沒有羽毛，所以可以很清楚的看到牠們眼睛後面的洞。

下次看到鴕鳥，記得找找看牠們的耳朵喔。

螞蟻的巢是什麼樣子？

大家有沒有看過，螞蟻從地面上的小洞爬進爬出的景象呢？

這些洞就是螞蟻巢的出入口。

螞蟻在土裡建造了類似長長隧道的巢，跟許多朋友住在一起。

螞蟻巢裡有許許多多的房間。

有儲存食物的房間、保護蟲卵的房間、螞蟻女王住的大房間……等各種不同的房間。

食物倉庫
公螞蟻的房間
蛹的房間
幼蟲的房間
螞蟻女王的房間
蟲卵的房間

建造巢是工蟻的工作。牠們用下巴挖土，在土中挖出一條又一條的隧道。

這些巢的深度，竟然有的長達兩公尺深。螞蟻的身體這麼小，真是超級厲害！

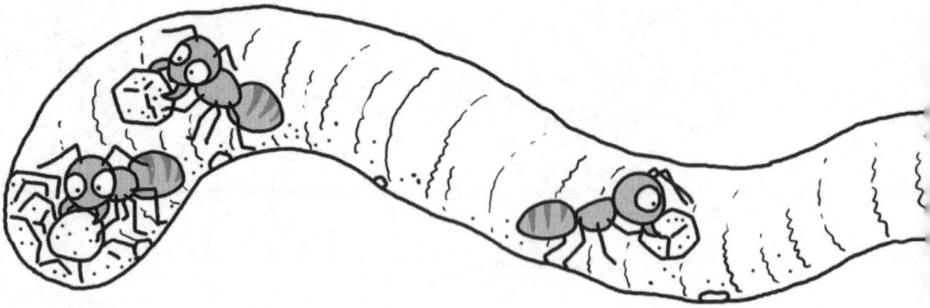

海獺是怎麼睡覺的？

海獺總是浮在海面上生活。吃東西的時候浮著，照顧小寶寶的時候還是一樣

浮著。

沒想到連睡覺的時候，也漂呀漂的，臉朝天空浮在水面上睡。

睡在海面上，難道不會漂到很遠的地方去嗎？

不用擔心。

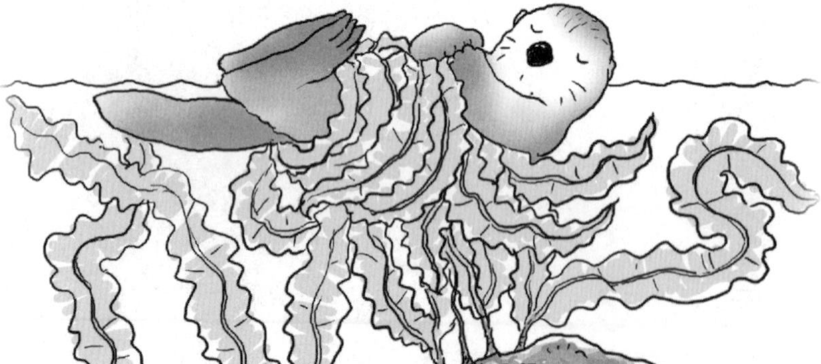

海獺睡覺的時候，會用長長的海草捆住自己漂浮的身體。

海草緊緊的固定在海底或者岩石上，所以海獺並不會被漂走。而且還可以幫身體保暖，很有用呢。

另外，有海草生長的地方，喜歡攻擊海獺的虎鯨就無法接近。

多虧了海草，海獺才可以睡得既安全又溫暖。

企鵝是鳥，為什麼不會飛？

很久很久以前，企鵝也曾經有強壯的翅膀，可以在天空裡飛翔。

牠們也會潛到海裡，抓魚或烏賊。

企鵝居住的南極，並沒有會攻擊企鵝的敵人。而且大海裡一年到頭都有許多食物。

所以企鵝們並不需要飛到天空中躲避敵人，或者尋找食物。

企鵝漸漸不在天空中飛，翅膀愈來愈小，身體愈來愈大。

企鵝雖然不能在天空飛翔，卻可以在水裡自由自在的游泳，這就夠了。

獨角仙的力氣有多大？

獨角仙在昆蟲界裡，身體特別大。

雄的獨角仙頭上有個突出的尖角，看起來非常英

勇。

「獨角仙」這個名字，是因為尖角的形狀跟古時候的武士戰鬥時戴的「盔甲」很像，所以才被取了這個名字。

獨角仙的食物是從樹上流出來的汁液。會流出很多汁液的地方，獨角仙之間就會打架，牠們也會跟鍬形蟲等其他甲蟲打架。

獨角仙的角就是打架時的重要「武器」。而且獨角仙的力氣很大，據說可以拉動比自己身體重二十倍以上的東西。

比較大的獨角仙身體的重量大約是十公克。

也就是說，牠們可以拉動十公克的二十倍，二百公克重的東西。

獨角仙會用這樣的力量，把對方舉起來，再丟出去。

所以力氣比較大的獨角仙，就可以在樹上吸到更多甜甜的汁液。

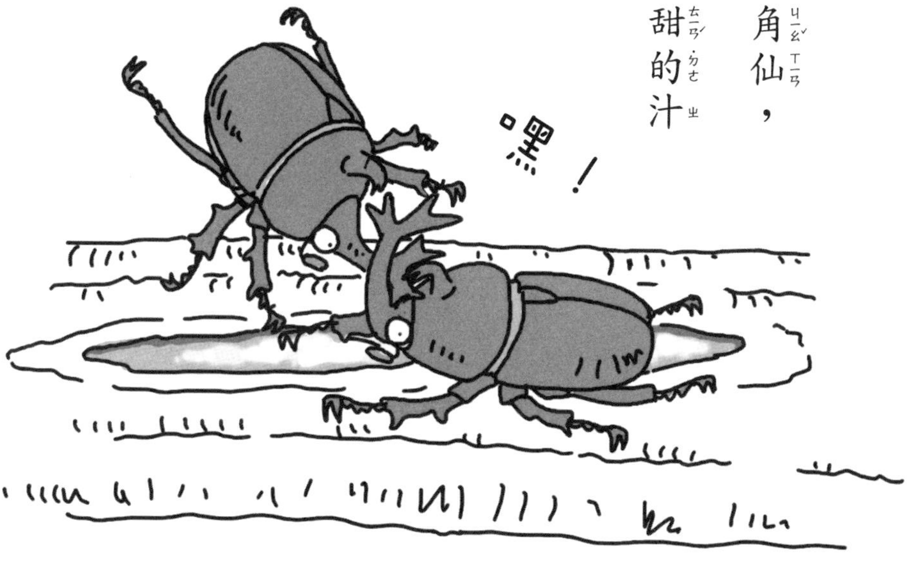

為什麼不澆水花就會枯死？

不管是花、草等植物或者是動物的身體，都是由很多叫作「細胞」的小顆粒組成。

這些細胞幾乎都是由水形成的。

動物會排出尿或者汗，如此從身體排出水分。

植物也會從葉子等排出水分，如果無法吸收同樣多的水分到體內，就會枯萎掉。

另外，植物會利用葉子來製造養分，這時候會使用從根部所吸收的水分。

要把養分輸送到身體各個角落，也會利用到水。

所以大家可以知道，水有許多不同的功用。如果不澆水，植物會枯萎，無法活下去。

花兒為什麼會香？

玫瑰花或桂花開花的時候，會散發出非常好聞的香氣。

在稍微有點距離的地方，也可以聞得到。花之所以會有這種好聞的香氣，是為了告訴蟲子們花開的地方。

為什麼花要通知蟲子自己所在的位置呢？會被這些香味吸引，來接近花朵的蟲子，有蝴蝶、蜜蜂等。這些昆蟲會從花朵身上吸取花蜜。

這時候花朵「雄蕊」上的「花粉」，就會附著在昆蟲的腳或者身體上。

四處飛動的蟲子將花粉帶到花的「雌蕊」上，花就可以製造出種子。

如果沒有蟲的幫忙，

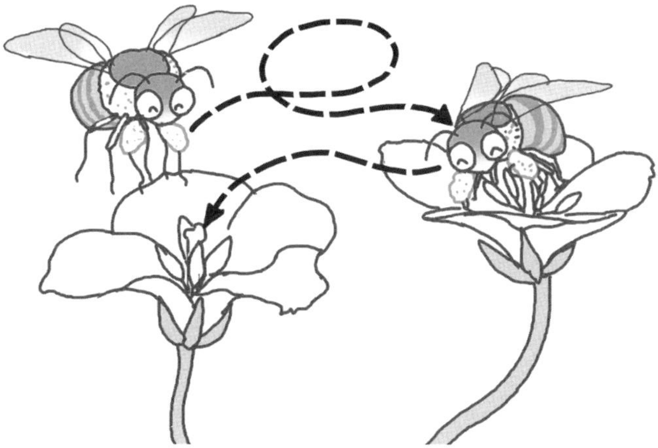

花就製造不出種子。

所以為了讓多一點蟲子接近，花兒會散發出蟲喜歡的味道，來吸引蟲子們接近。

科學大驚奇

世界上最大的花是什麼味道？

大家知道世界上最大的花是什麼花嗎？

那就是「巨花魔芋」這種花。

這種花生長在叢林裡，每七年開一次花。整體呈現暗紅色或者綠色，並不是一種漂亮的花。

巨花魔芋整朵花的高度超過三公尺。巨大到如果要放進教室，就會撞到天花板，根本放不進來。看起來雖然只有一朵花，其實是聚集了好幾朵花所形成的。

如果是只有一朵的花，世界上最大的花是「大王花」。

大王花生長在叢林裡，開在葡萄類樹木的旁邊。

這種花大到我們張開雙手都無法圍起來。

那麼巨花魔芋和大王花這兩種世界上最大的花，聞起來到底是什麼味道呢？

沒想到這兩種花的味道，都很像動物屍體腐爛後的味道。

為什麼會發出這麼臭的味道呢？

這是因為叢林裡住著許多不同的生物。有喜歡吃動物屍體的蟲，也有愛吃糞便的蟲。

這些蟲類一聞到腐敗的味道，就會聚集過來。

花圃裡的花會發出好聞的香味來吸引蝴蝶或蜜蜂接近，同樣的道理，巨花魔芋和大王花也是藉由發出腐敗的臭味，來吸引最喜歡它們的蟲子。

這只是因為每一種花吸引昆蟲接近的味道，都不太一樣。

嗯～
好香啊

太臭了！
噁心～

生活中的故事

鉛筆寫的字為什麼可以用橡皮擦擦掉？

用鉛筆寫的文字，如果在放大鏡下，會看到許多鉛筆黑色的粉末，附著在凹凸不平的紙張表面上。

用橡皮擦擦過之後，這些粉末會附著在橡皮擦上，跟橡皮擦屑一起從紙張表面上脫離。這就會讓文字消失。

用原子筆等其他工具寫的字不能擦掉，因為墨水會滲透到紙張裡面的緣故。

這時候如果在橡皮裡面加入沙粒等，就會變成磨沙橡皮擦。它可以摩擦滲進墨水的紙張，上面的字就會被消除掉。

至於為什麼叫「橡皮擦」，因為以前的橡皮擦是用橡皮做的。

不過現在我們用的橡皮擦並不是用橡皮，而是用塑膠製作出來的。

為什麼溜下溜滑梯後屁股會變燙？

當我們從溜滑梯上很快的滑下來後，有時候會覺得屁股變得燙燙的。

這是因為溜下來的時候，滑梯和屁股之間互相摩擦，產生了熱度。

所以，把兩種東西互相不斷摩擦，這時候就會產生熱度。

我們把這種熱度，稱為「摩擦熱」。

天氣冷的時候，如果不斷摩擦雙手，就會慢慢變暖和，這也是摩擦的功用。

所以古時候的人，會利用木頭和木頭之間互相摩擦來生火。

持續不斷提升摩擦熱，直到木頭到達燃燒的溫度。

乾冰真的會讓人燙傷嗎？

從店裡買冰淇淋或蛋糕等冰涼的東西回家時，有時候盒子裡會放著乾冰。

如果想伸手去碰，可能會被大人罵：「不可以，會燙傷的！」

這又不是像火一樣會發燙的東西，為什麼大人說「會燙傷」呢？

乾冰是在負七十九度的低溫下製作的。

我們家裡面的冰箱，溫度也只會低到負二十度左右，所以乾冰的溫度比冰塊還要低很多很多。

碰到溫度這麼低的東西，人的皮膚會受傷。

我們的皮膚會感到刺痛，或者長水泡，就跟摸到熱的東西燙傷時一樣。

所以大人們才會說：「摸乾冰會燙傷」。

乾冰看起來雖然跟冰塊很像，但是融化之後只會冒出一陣陣的白煙，並不會變成水。乾冰是將空氣中的「二氧化碳」這種氣體凍結而成的，所以融化之後又會變回氣體。

但是這種氣體是透明的，眼睛看不到。白色的煙其實是冰塊的微粒。

因為乾冰非常冰冷，所以也會漸漸把周圍的空氣變冷。

這時候空氣裡的小水滴，就會變成細小的冰粒。這些冰粒就是我們看到的白煙。

香蕉裡有種子嗎？

我們常吃的香蕉裡，並不會看到種子。

但是原本香蕉裡也是有種子的。

我們把香蕉切成一半，可以看到正中央有一條線，這條線附近有許多小小的凹洞。這裡就是原本存放種子的地方。

現在有些品種的香蕉，在這附近還留有黑色的顆粒，這就是種子的原形。

香蕉現在沒有種子，是因為人類培育出沒有種子的香蕉品種。

如果有種子，吃它的人，就必須不斷的吐出種子。

所以為了方便人類食用，才發明出沒有種子的香蕉。

不過，沒有種子的香蕉要怎麼繁殖下一代呢？

首先，從香蕉樹上取下新發出的嫩芽。

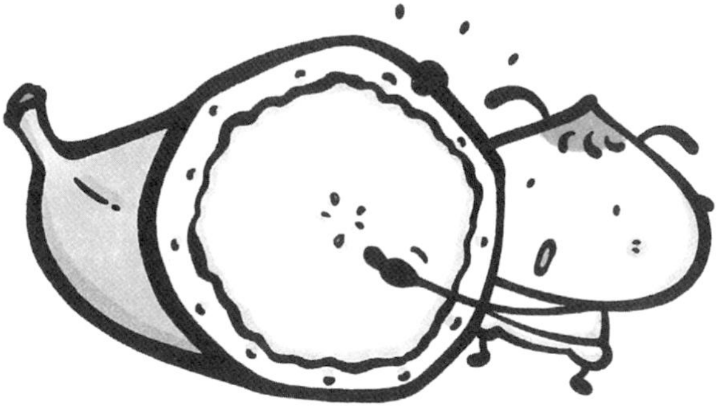

把這些嫩芽種植在土壤中，等它們長大之後，就會變成一棵棵的香蕉樹。

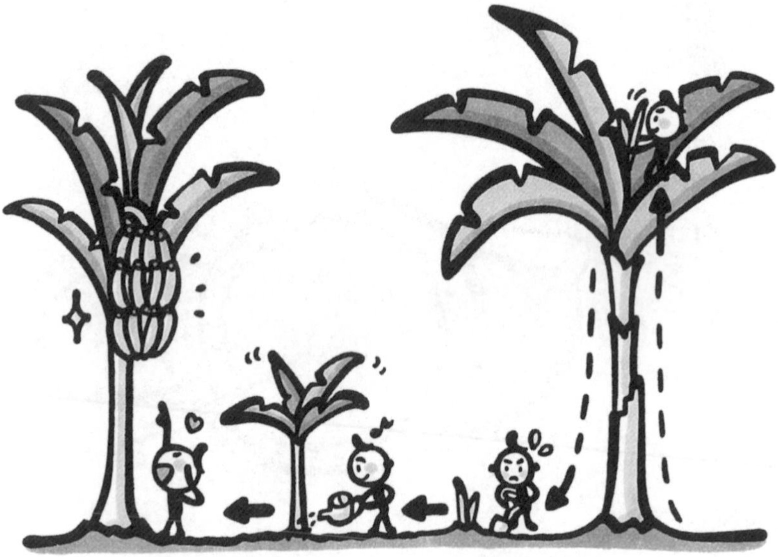

巧克力是用什麼做的？

在氣候炎熱又常常下雨的國家，有一種名叫「可可亞」的樹。

可可亞樹的果實，長度大約有二十公分，形狀類似一顆橄欖球。

切開果實之後，裡面有三十到四十顆「可可亞豆」，被類似棉花的黏稠物質包圍著。

好吃的巧克力就是用這種可可亞豆做成的。

取出可可亞豆，放一個星期左右，就會散發出巧克力的香味。再充分曬乾之後，就會成為製作巧克力的材料。

既然是製作巧克力的材料，吃起來應該很甜吧？但是直接吃可可亞豆會發現，其實相當苦。

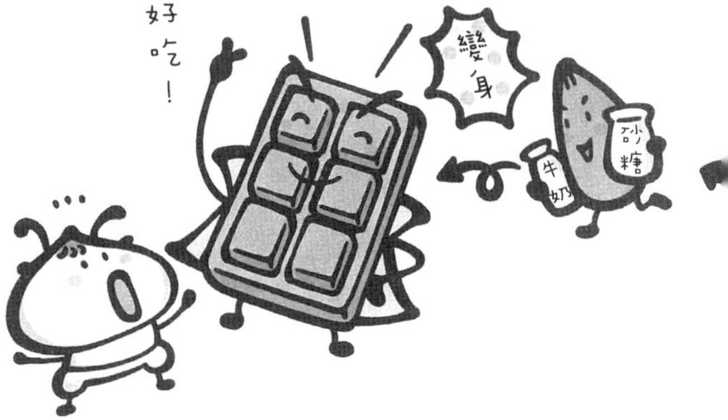

在這裡面加入牛奶或砂糖。充分攪拌直到變得平滑，最後再放到模型裡面放冷。

這樣就可以做出香甜又會融化的巧克力了。

從前的人把巧克力當成藥，都直接吃苦的。

現在能夠吃到香甜的巧克力，真是太好了。

酸梅為什麼會酸？

酸梅是把梅子的果實曬乾、用鹽巴和糖醃過之後做成的。

梅子的果實裡原本就有許多「檸檬酸」這種酸味的來源。所以酸梅吃起來會有酸味。

除了梅子以外，在檸檬、葡萄柚、橘子等有酸味的水果裡面，也都含有很多檸檬酸。

酸梅的酸味對身體有很多好處。

吃酸梅時嘴巴裡會產生許多口水。

嘴巴裡有口水，會讓食物更容易被消化。因為口水會幫助消化食物。

據說檸檬酸還可以消除身體的疲勞。

除此之外，檸檬酸也具有強大的能力，可以殺死食物上的細菌。

所以人們經常會在

很酸喔！
檸檬酸
按摩按摩……
檸檬酸
我是好幫手！
檸檬酸
按摩按摩……
我是好幫手！
檸檬酸

便當裡的白飯上或者飯糰裡放入酸梅，就是因為酸梅可以殺死細菌，避免食物腐敗。

科學小實驗

杯子蛋糕蓬鬆的奧祕

今天要跟大家介紹一種能做出好吃點心的簡單方法，同時這也是一種有趣的科學小實驗喔。

用微波爐就能完成的杯子蛋糕

首先，請準備一個大一點的馬克杯。

材料：

- 麵粉……兩大匙
- 烘焙粉……半小匙
- 砂糖……三大匙

● 雞蛋……一個

● 沙拉油……半大匙

這些都是在超級市場就買得到的材料。

先把麵粉、烘焙粉、砂糖放進馬克杯，充分攪拌。

接下來在另一個容器裡放進

雞蛋和沙拉油，一樣充分攪拌。

攪拌完成後加入馬克杯中，跟粉類一起攪拌。

這時候烘焙粉裡加入了雞蛋等的水分，會開始產生「二氧化碳」這種氣體。

這些氣體會在蛋糕裡形成許多

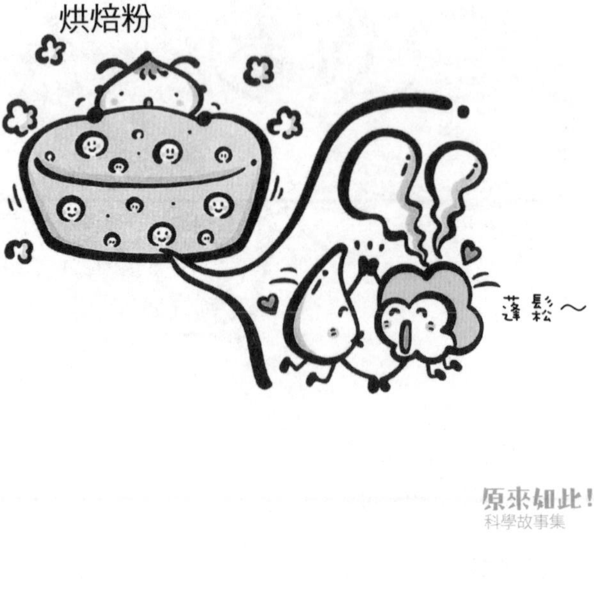

小氣泡，製造出像海綿一樣柔軟蓬鬆的蛋糕。

混合好材料之後，馬上將整個馬克杯放進微波爐中加熱兩、三分鐘。

加熱以後氣體就會愈來愈多，蛋糕也會漸漸的膨脹變大。

蓬鬆柔軟的杯子蛋糕就這樣完成了。

如果太慢放進微波爐裡，會看到一些小氣泡跑出來，膨脹的效果就會變差。

製作杯子蛋糕是一種好吃又好玩的實驗。

請大家一定要試試看！

地球和宇宙的故事

陽光為什麼很溫暖？

早上太陽從東方升起，開始發出溫暖的光線。我們每個人就這麼展開了一天的活動。

為什麼太陽閃亮的時候會讓人睜不開眼睛，卻又照得我們這麼溫暖呢？

太陽是由氣體所形成的，而這些氣體不斷的燃燒。

所以太陽總是像個火球一樣。

太陽燃燒的方式很特別，據說太陽表面的溫度大約是六千度，正中心的溫度竟然有大約一千五百萬度那麼高。

蠟燭的火焰大約一千度，瓦斯爐的火大約一千七百度左右，所以太陽的溫度是非常燙的。

而且太陽的大小是地球的一百萬倍。

雖然太陽距離地球很遠很遠，看起來還是很亮、很耀眼。

不過會不會有一天，製造出太陽的氣體，突然都

燃燒光了，太陽就從
世界上消失？
沒有太陽，人類
就再也活不下去。
到那個時候我們
應該怎麼辦才好呢？
大家不用擔心。

因為太陽非常巨大，再過五十億年左右，都還會繼續保持現在的光亮。

星座總共有多少個？

夜晚的天空裡掛著許多星星。要分辨這些星星時，最方便的方法就是「星座」觀測。

「星座」就是把好幾顆星星連接起來，替它們加上東西或者人、動物的名稱。

天上星座總共有八十八個，其中日本可以看得到的有八十四個。(編註：台灣可以看得到的只有八十二個)

比較有名的星座有冬天的

「獵戶座」，夏天的「天鵝座」，還有位於北邊天空一整年都看得見的「小熊座」、「大熊座」等。

星座的起源可以回到五千多年以前。

住在「美索不達米亞」這個地方（就在現在的伊拉克這個國家附

近）的牧羊人們，一邊牧羊、一邊仰望著星星閃耀的夜空。

他們試著把這些閃亮耀眼的星星連接起來後，覺得看起來很像身邊的動物、器具，或者傳說中的人物。於是大家就開始替這些星星取名字。

這就是星座的由來。

慢慢的，星座傳到了世界各地，不過每個國家都各自發明自己的星座，所以大家決定統一起來，全世界共用一種星座。

於是，世界上所有研究星星的專家集合起來，在一九三〇年整理出八十八個星座。

為什麼會下雨？

大家都知道雨是從雲裡面降下來的。那麼雨到底是怎麼降下來的呢？

雲是由許多小水滴和冰滴聚集在一起所形成的。這些水和冰的顆粒聚在一起，會漸漸變大。變大、變重的顆粒，沒有辦法繼續浮在天空，會

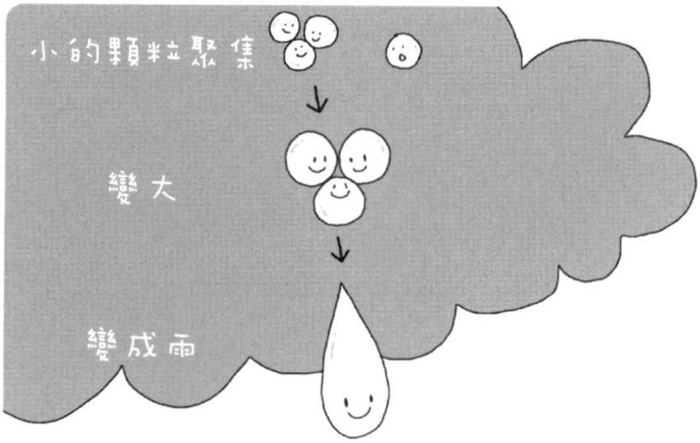

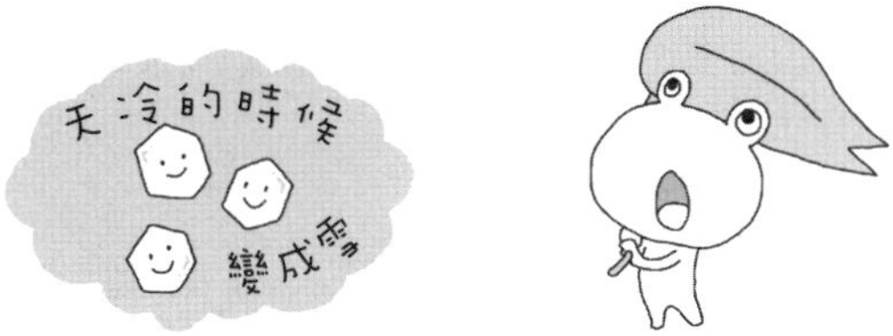

從天空中掉下來。

這就是雨。

天氣變冷、溫度降低的時候，冰滴無法融化，會直接降落，所以就變成雪。

降下來的雨會滲進地面，或者變成河流、大海。

然後經過太陽的加溫，再次變成小水滴，回到天空中，變成新的雲。

為什麼會有彩虹？

才剛下完雨，或者明明是晴天卻下雨的時候，都可以看見一道美麗的彩虹掛在天空。

這種時候，空氣中會飄浮著很多水滴。

太陽的光線一照射到這些水滴，就會出現彩虹。

太陽的光線，看起來好像沒有顏色。

其實那裡面混合了許多不同的顏色。

當不同的光線穿過水滴時，它們彎曲的方向也都會不一樣。

所以當光線穿過圓滾滾的水滴時，會被分開成幾種不同的顏色，形成彎彎的「彩虹」。

彩虹上的那些顏色有紅、橙、黃、綠、藍、靛、紫共七種。

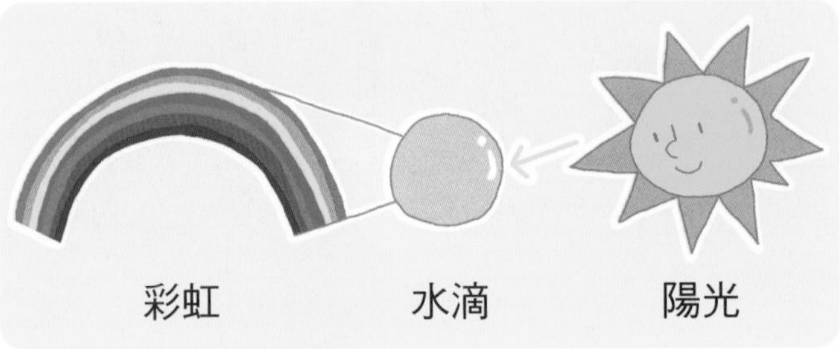

在院子裡背對太陽拿起水管或者噴霧器，一點一點的灑水，就可以看到彩虹。

另外，在裝飲料的寶特瓶等既圓又平滑的容器裡加水，放在陽光下，也可以產生小小的彩虹。

飛機雲是怎麼出現的？

大家有沒有看過飛機飛過天空之後，在後面留下一道白色長長的雲？

這就是「飛機雲」。

飛機飛在高高的天空上，距離地面六千公尺到一萬公尺左右。

不過，並不是只要飛機飛過天空，就一定會留下白白長長的飛機雲。

飛機在飛的時候，飛機的引擎會排放出廢氣。廢氣裡的細小水滴，會因為周圍空氣變冷，馬上全部結成冰。

一個接一個結冰的水滴，在飛機後面連接著，就成了雲。

所以，只有當飛機飛過空氣非常冰冷的天空時，才會形成飛機雲。

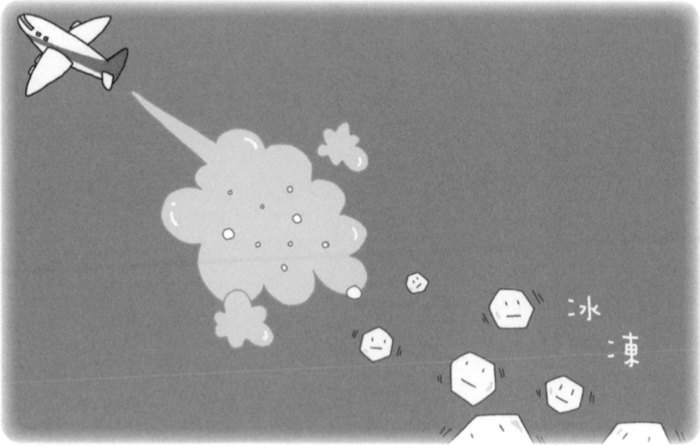

plane

科學小傳記

改變世界的「為什麼？」

發明王愛迪生

（一八四七年～一九三一年）

「紅色的蘋果有一個，綠色的蘋果有一個，加起來總共有幾個呢？」

聽到老師的問題，大家都

異口同聲的回答：「兩個！」

其中只有一個男孩的答案，

跟大家不一樣。

「老師！為什麼是兩個呢？

如果紅蘋果比綠蘋果小，

那是幾個呢？」

這個男孩子就是愛迪生。

小學時的愛迪生經常挨老師罵。
「愛迪生！你認真回答！」
不只是在學校裡。
出去玩的時候也一樣。
只要是眼睛所看到的東西，
他都會想「為什麼會這樣」，忍不住想嘗試看看。

「火為什麼會燒起來呢。」他覺得很好奇，所以在家裡的倉庫點了火。

他也曾經想：「雞為什麼要用自己的身體給雞蛋溫暖？」所以也試著蹲在雞蛋上看看……

愛迪生被大人說成是「奇怪的孩子」，終於被迫再也不能上學。

但是，有一個大人始終都對愛迪生很溫柔。

那就是他的媽媽。

「媽媽覺得，你希望知道『為什麼』的想法非常好。好！以後就由媽媽來教你學習！」

媽媽替愛迪生買了許多科學的書。

「哇！這本書好厲害喔！裡面寫了好多我想知道的事情！」

媽媽跟爸爸商量之後，決定在家裡的地下室替愛迪生設置一間實驗室。

這就是「發明王」的起點。

愛迪生看了書之後，非常想試試看什麼是「利用電氣的訊號，傳達訊息給遠方的人。」

「但是我沒有錢可以買實驗用的工具啊……對了！想到好方法了！」

當時愛迪生住的城市裡，第一次有火車經過。

而且還有一些謠言傳說遠方快要發生戰爭了。

「我到火車上去賣報紙吧。如果用電氣的訊號把新聞的重點傳到下一個車站，之後要搭車的人，一定會想買

這些報紙的！」

他的點子非常成功。

報紙賣得非常好。

愛迪生為了更了解電氣訊號的結構，非常投入，繼續學習。

於是他變得愈來愈熟練，甚至受到遠方朋友的邀請，「要不要

到我們公司來，負責傳送訊息的工作呢？」

可以把我最喜歡的事情當成工作！

這份喜悅化成靈感的動力，讓愛迪生一邊工作一邊完成許多不同的新發明。

膠帶、捕鼠器、驅蟑器……其中也有很多失敗的例子。

可是愛迪生總是笑著這麼說：「失敗對我來說，跟成功一樣重要。」

某一天，他的腦中突然出現一個點子。

能不能把電氣變成光線呢？

他開始不斷的實驗、實驗，就連晚上也不睡覺，一直做實驗……

就這樣，過了十多年，愛迪生終於完成了「電燈泡」這個重大發明。

在這之後，愛迪生還是繼續發

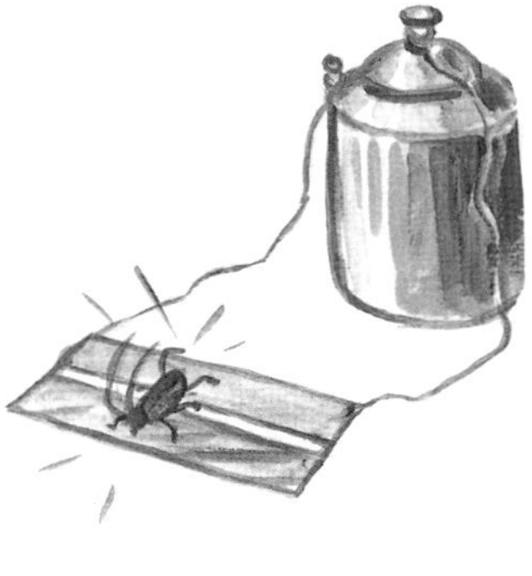

明許多東西。

這些偉大的發明，都是從少年愛迪生的「為什麼」誕生的。完

—給家長的話—

培養迎接未來的「求知力」

■日本千葉縣綜合教育中心課程開發部部長
大山光晴

現在的孩子們，應該要培養什麼樣的能力，來迎接未來呢？

國語、數學的學力固然重要，但是維持身體健康的運動也不可忽視。雖然期待孩子們學到許多東西，但是針對才剛開始學習的低年級小學生，我認為最重要的，應該是培養孩子產生能感到「真不可思議」的好奇心。因為擁有這種會覺得「不可思議」的心情和態度，才能夠帶來求知若渴的慾望。

儘管每天有許多故事、各種現象在我們身邊發生，但是身為大人的我們，卻往往忽略了這些事情。孩子們則不然！我希望孩子們能學會如何靠自己的力量，去思考每天生活中的所見所聞，並且找出背後的原因和答案。

《原來如此！科學故事集》這本書，是特別為了喜歡捕捉昆蟲、栽種植物等科學活動，但是卻不太習慣坐在書桌前念書的小朋友所設計，希望能讓他們更輕鬆的進入科學閱讀。相反的，如果是個喜歡讀書、卻對科學沒什麼興趣的孩子，我們也在故事編選上下了一番功夫，希望讓他們讀得津津有味。所以為了讓小學低年級的孩子容易吸收，本書選題角度以孩子自己的身體或者生活環境中隨處可見的現象為主，說明方式務求簡潔易懂。除此之外，也加入了科學大驚奇、科學家小傳記、神奇小實驗單元來擴展孩子們的視野。

對於才剛開始學習的孩子們，我衷心希望他們能了解**求知的喜悅**。也希望看了這本書的孩子們，不但能因此解惑「哇！原來是這樣啊！」更能因此體會到領悟的愉悅和快樂。

—企劃緣起—

成長與學習必備的元氣晨讀

■親子天下執行長
何琦瑜

源於日本的晨讀活動

二十年前，大塚笑子是個日本普通高職的體育老師。在她擔任導師時，看到一群在學習中遇到挫折、失去學習動機的高職生，每天在學校散漫度日，快畢業時，才發現自己沒有一技之長。出外求職填履歷表，「興趣」和「專長」欄只能一片空白。許多焦慮的高三畢業生回頭向老師求助，大塚笑子鼓勵他們，可以填寫「閱讀」和「運動」兩項興趣。因為有運動習慣的人，讓人覺得開朗、健康、有毅力；有閱讀習慣的人，就代表有終身學習的能力。

但學生們根本沒有什麼值得記憶的美好閱讀經驗，深怕面試的老闆細問：那你喜歡讀什麼書啊？大塚老師於是決定，在高職班上推動晨讀。概念和做法都很簡單：每天早上十分鐘，持續一週不間斷，讓學生讀自己喜歡的書。

沒想到不間斷的晨讀發揮了神奇的效果：散漫喧鬧的學生安靜了下來，他們上課比以前更容易專心，考試的成績也大幅提升了。這樣的晨讀運動透過大塚老師的熱情，一傳十、十傳百，最後全日本有兩萬五千所學校全面推行。正式統計發現，近十年來日本中小學生平均閱讀的課外書本數逐年增加，各方一致歸功於大塚老師和「晨讀十分鐘」運動。

台灣吹起晨讀風

二〇〇七年，天下雜誌出版了《晨讀十分鐘》一書，書中分享了韓國推動晨讀運動的高果效，以及七十八種晨讀推動策略。同一時間，天下雜誌國際閱讀論壇也邀請了大塚老師來台灣演講、分享經驗，獲得極大的迴響。

受到晨讀運動感染的我，一廂情願的想到兒子的小學帶晨讀。選擇素材的過程中，卻發現適合十分鐘閱讀的文本並不好找。面對年紀愈大的少年讀者，好文本的找尋愈加困難。對於剛開始進入晨讀，沒有長篇閱讀習慣的學生，的確需要一些短篇的散文或故事，讓少年讀者每一天閱讀都有盡興的成就感。而且這些短篇文字絕不能像教科書般無聊，也不能總是停留在淺薄的報紙新聞，才能讓這些新手讀者像上癮般養成習慣。

我的晨讀媽媽計畫並沒有成功，但這樣的經驗激發出【晨讀十分鐘】系列的企劃。我們希望用晨讀打破中學早晨窒悶的考試氛圍，讓小學生養成每日定時定量的閱讀，不僅是要讓學習力加分，更重要的是讓心靈茁壯、成長。在學校，晨讀就像在吃「學習的早餐」，為一天的學習熱身醒腦；在家裡，不一定是早晨，任何時段，每天不間斷、固定的家庭閱讀時間，也會為全家累積生命中最豐美的回憶。

第一個專為晨讀活動設計的系列

【晨讀十分鐘】系列，希望透過知名的作家、選編人，為少年兒童讀者編選類型多元、有益有趣的好文章。二〇一〇年，我們邀請了學養豐富的「作家老師」張曼娟、廖玉蕙、王文華，推出三個類型的選文主題：成長故事、幽默故事、人物故事集。

我們的想像是，如果學生每天早上都能閱讀某個人的生命故事，或真實或虛構，或成功或低潮，一年之後，他們能得到的養分與智慧，應該遠遠超過寫測驗卷的收穫吧！【晨讀十分鐘】系列，帶著這樣的心願，持續擴張適讀年段和題材的多元性，陸續出版，包括：給小學生晨讀的《科學故事集》、《宇宙故事集》、《動物故事集》、《實驗故事集》、童詩《樹先生跑哪去了》、散文《奇妙的飛行》，給中學生晨讀的《啟蒙人生故事集》和《論情說理說明文選》等。

推動晨讀的願景

在日本掀起晨讀奇蹟的大塚老師，在台灣演講時分享：「對我來說，不管學生在哪個人生階段……，我都希望他們可以透過閱讀，讓心靈得到成長，不管遇到什麼情況，都能勇往直前，這就是我的晨讀運動，我的最終理想。」

這也是【晨讀十分鐘】這個系列叢書出版的最終心願。

—專家推薦—

晨讀十分鐘，改變孩子的一生

■國立中央大學認知神經科學研究所創所所長
洪蘭

古人從經驗中得知「一日之計在於晨」，今人從實驗中得到同樣的結論，人在睡眠的第四個階段會分泌跟學習有關的神經傳導物質，如血清素（serotonin）和正腎上腺素（norepinephrine），當我們一覺睡到自然醒時，這些重要的神經傳導物質已經補充足了，學習的效果就會比較好。也就是說，早晨起來讀書是最有效的。

那麼為什麼只推「十分鐘」呢？因為閱讀是個習慣，不是本能，一個正常的孩子放在正常的環境裡，沒人教他說話，他會說話；一個正常的孩子放在正常的環境，沒人教他識字，他是文盲。對一個還沒有閱讀習慣的人來說，不能一次讀很多，會產生反效果。十分鐘很短，對小學生來說，是一個可以忍受的長度。所以趁孩子剛起床精神好時，讓他讀些有益身心的好書，開啟一天的學習。好的開始是成功的一半，從愉悅的晨間閱讀開始一天的學習之旅，到了晚上在床上親子閱讀，終止這個歷程，如此持之以恆，一定能引領孩子進入閱讀之門。

新加坡前總理李光耀先生看到閱讀的重要性，所以新加坡推〇歲閱讀，孩子一生下來，政府就送兩本布做的書，從小養成他愛讀的習慣。凡是習慣都必須被「養成」，需要持久的重複，晨讀雖然才短短十分鐘，卻可以透過重複做，養成孩子閱讀的習慣。這個習慣一旦養成後，一生受用不盡，因為閱讀是個工具，打開人類知識的門，當孩子從書中尋得他的典範之後，父母就不必擔心了，典範讓人自動去模仿，就像拿到世界麵包冠軍的吳寶春說：「我以世界冠軍為目標，所以現在做事就以世界冠軍為標準。冠軍現在應該在看書，不是看電視；冠軍現在應該在練習，不是睡覺……」當孩子這樣立志時，他的人生已經走上了康莊大道，會成為一個有用的人。

晨讀十分鐘可以改變孩子的一生，讓我們一起來努力推廣。

晨讀10分鐘系列 004

[小學生・低年級] 晨讀10分鐘

原來如此！科學故事集 1

監修｜大山光晴（總監修）、吉田義幸（身體）、
今泉忠明（動物）、高橋秀男（植物）、
岡島秀治（昆蟲）
作者｜渡邊利江（COSMOPIA）等
繪者｜吉村亞希子（封面）、生武真、大石容子、
OMOCHA、西山直樹、川上潤、平埜哲雄
中文內容審訂｜廖進德
譯者｜詹慕如

責任編輯｜張文婷
美術設計｜林家蓁

發行人｜殷允芃
創辦人兼執行長｜何琦瑜
副總經理｜林彥傑
總監｜林欣靜
版權專員｜何晨瑋、黃微真

出版者｜親子天下股份有限公司
地址｜台北市104建國北路一段96號4樓
電話｜（02）2509-2800　傳真｜（02）2509-2462
網址｜www.parenting.com.tw
讀者服務專線｜（02）2662-0332　週一～週五：09:00~17:30
讀者服務傳真｜（02）2662-6048
客服信箱｜bill@cw.com.tw
法律顧問｜台英國際商務法律事務所・羅明通律師
製版印刷｜中原造像股份有限公司
總經銷｜大和圖書有限公司　電話：（02）8990-2588

出版日期｜2010年 8 月第一版第一次印行
2021年 7 月第一版第四十一次印行
定　價｜250元
書　號｜BCKCI004P
ISBN｜978-986-241-178-0（平裝）

訂購服務
親子天下Shopping｜shopping.parenting.com.tw
海外・大量訂購｜parenting@cw.com.tw
書香花園｜台北市建國北路二段6巷11號
電話（02）2506-1635
劃撥帳號｜50331356 親子天下股份有限公司

國家圖書館出版品預行編目資料

小學生晨讀10分鐘：原來如此！科學故事集1
／大山光晴監修；COSMOPIA、渡邊利江、
入澤宣幸、甲斐 望等作. -- 第一版. --
臺北市：天下雜誌, 2010.08
192面；14.8 x 21公分. --（晨讀10分鐘系列
；4）
ISBN 978-986-241-178-0（平裝）
1.科學　2.通俗作品

307.9　　99013918

典藏閣不思議工作室2013安利美特animate限定版

只要符合以下條件，就有機會獲得【現代魔法師超萌毛巾】1條——
準備與泳裝萌妹子一起清涼一夏吧！

1. 即日起至2014年6月10日止，在**安利美特**購買**《現代魔法師》全套八集**。
2. 在書後回函信封處蓋上安利美特店章，或是影印安利美特購書發票。
3. 將全套8集的書後回函（加蓋店章）寄回；若採影印發票者，請一併寄回發票影本。
   PS. 可以等購買完「全8集」後，再於2014年6月10日前，全部一次寄出。

☞您在什麼地方購買本書？☜

☐便利商店＿＿＿＿＿ ☐安利美特 ☐其他網路書店＿＿＿＿＿

☐書店＿＿＿＿＿市／縣＿＿＿＿＿書店

姓名：＿＿＿＿＿地址：＿＿＿＿＿＿＿＿＿＿＿＿＿＿＿＿＿＿＿＿＿＿＿＿＿＿

聯絡電話：＿＿＿＿＿電子郵箱：＿＿＿＿＿＿＿＿＿＿＿＿＿＿＿＿＿＿＿＿＿

您的性別：☐男 ☐女 您的生日：＿＿＿＿＿年＿＿＿＿＿月＿＿＿＿＿日

（請務必填妥基本資料，以利贈品寄送）

您的職業：☐上班族 ☐學生 ☐服務業 ☐軍警公教 ☐資訊業 ☐娛樂相關產業
☐自由業 ☐其他＿＿＿＿＿

您的學歷：☐高中（含高中以下） ☐專科、大學 ☐研究所以上

☞購買前☜

您從何處得知本書：☐逛書店 ☐網路廣告（網站：＿＿＿＿＿＿＿） ☐親友介紹
（可複選） ☐出版書訊 ☐銷售人員推薦 ☐其他

本書吸引您的原因：☐書名很好 ☐封面精美 ☐書腰文字 ☐封底文字 ☐欣賞作家
（可複選） ☐喜歡畫家 ☐價格合理 ☐題材有趣 ☐廣告印象深刻
☐其他＿＿＿＿＿＿＿＿

☞購買後☜

您滿意的部份：☐書名 ☐封面 ☐故事內容 ☐版面編排 ☐價格 ☐贈品
（可複選） ☐其他

不滿意的部份：☐書名 ☐封面 ☐故事內容 ☐版面編排 ☐價格 ☐贈品
（可複選） ☐其他

您對本書以及典藏閣的建議＿＿＿＿＿＿＿＿＿＿＿＿＿＿＿＿＿＿＿＿＿＿＿＿＿＿

＿＿＿＿＿＿＿＿＿＿＿＿＿＿＿＿＿＿＿＿＿＿＿＿＿＿＿＿＿＿＿＿＿＿＿＿＿＿

＿＿＿＿＿＿＿＿＿＿＿＿＿＿＿＿＿＿＿＿＿＿＿＿＿＿＿＿＿＿＿＿＿＿＿＿＿＿

✌未來您是否願意收到相關書訊？☐是 ☐否

感謝您寶貴的意見

印刷品

$3.5
請貼
3.5元
郵票
不思議信箱
FUSIGI POST

235 新北市中和區中山路二段366巷10號10樓

華文網出版集團 收

（典藏閣－不思議工作室）

魔法師的修羅地獄

現代魔法師 04